MÉMOIRE

SUR

LE VOMISSEMENT,

PAR M. MAINGAULT,

Docteur de la Faculté de Médecine de Paris, Professeur particulier d'Anatomie et de Chirurgie, ancien Élève de l'École pratique, Ex-chirurgien interne des hôpitaux civils de Paris, Chirurgien pour les indigens, et Membre du Bureau de consultations gratuites du dixième Arrondissement.

Adeo vero ventriculo proprius est vomitus, ut à voluntate neque produci queat, neque inhiberi : et dissecto diaphragmate, aut abdomine, aut quiescente septo, aut in ventriculo exempto pariter continuetur. HALLER.

Sɪ la médecine, ainsi que la physiologie, qui a pour but l'étude des fonctions animales, ont des principes certains, n'en faisons pas de fausses applications; accordons à chaque organe le degré de vitalité qui lui est propre; ne donnons pas tout aux uns et rien aux autres : s'il y a bien des années que plusieurs théories furent exposées sur les fonctions des divers organes qui composent notre économie; si elles n'eurent qu'un éclat passager, elles auraient dû nous mettre en garde contre de nouvelles; elles auraient dû nous faire abandonner celles émises, reconnues

(2)

insuffisantes ; enfin elles auraient dû nous rendre plus réservés. La plupart des fausses explications venaient, on le sait, de ce qu'on avait trop cherché à faire l'application de lois étrangères à l'organisme ; c'est encore un écueil que n'ont point évité quelques auteurs modernes.

Ceux qui supposaient le cœur doué d'une force extraordinaire, ceux qui comparaient l'estomac à une marmite dans laquelle les alimens éprouvaient une légère coction, étaient-ils beaucoup moins sages que ceux qui le considèrent encore comme une poche inerte ?

En cherchant à annuler en quelque sorte la vie dans un organe tel que l'estomac, en lui refusant toute espèce de contractilité, en admettant, en un mot, qu'il soit passif, à quoi servent donc les vaisseaux qu'il reçoit, les nerfs qui s'y distribuent, les fibres musculaires qui entrent dans sa composition ? Je suis toujours surpris que sur un organe qui joue un rôle si important il se soit élevé des explications aussi variées, soit dans son mode d'action sur les alimens qui doivent être digérés, soit dans cet acte où sont rejetées par l'œsophage les substances contenues dans sa propre cavité. Cet acte, désigné sous les noms de régurgitation et de vomissement (1), ce dernier surtout, a donné lieu à de vives dis-

____

(1) J'entends par vomissement la sortie des alimens hors de l'estomac, précédée de nausées ou efforts qui établissent une différence entre le vomissement proprement dit et la régurgitation.

cussions sur le mécanisme suivant lequel il s'exécute. Des auteurs recommandables n'ont pu se trouver d'accord sur un point de doctrine aussi remarquable en physiologie.

Pour éclaircir les doutes, fixer les idées sur cette matière, examinons rapidement les opinions émises ; nous appuierons par des faits celles reçues généralement par les écoles modernes.

Les anciens physiologistes pensaient que le vomissement était l'effet de brusques et fortes contractions de l'estomac qui chassaient les matières contenues. Cette opinion fut pendant long-temps la seule admise. *Bayle* (1) s'occupa de cet objet qu'il discuta, puis il établit une théorie qui fut ensuite partagée par *Chirac*. Il avança que le vomissement ne dépendait point des contractions spasmodiques de l'estomac, mais qu'il était le résultat des contractions des muscles abdominaux et du diaphragme qui le pressaient fortement.

Chirac appuya donc vivement cette théorie, qui ne paraît pas avoir été admise par *Sénac, Van-Swieten, Schwartz* et autres. Si on lit avec attention ces auteurs, on verra qu'ils ne refusaient point à l'estomac sa contractilité. Cette théorie, qu'on doit avec raison appeler celle de *Bayle*, prévalut sur celle des anciens.

Wepfer, ne voulant point s'en laisser imposer par les noms des Bayle et Chirac, ni par des faits trop

______

(1) *Institutiones physicæ, vol.* 5, *de motibus propriis ventriculi intestinorum.*

peu nombreux sur lesquels ils basaient leur système, tenta plusieurs expériences avec succès.

Lieutaud soutint l'opinion de *Wepfer* par de sages raisonnemens et par un fait pathologique de la plus haute importance; ce fait-là seul, à mon avis, détruit toute idée contraire. Cette paralysie de l'estomac prouve d'une manière irrévocable la part qu'il prend au vomissement, qui cesse alors.

Haller, cet illustre physiologiste, qui n'émit et n'admit jamais une idée qu'elle ne tînt à des principes généraux et certains, ne put refuser à l'estomac l'irritabilité, loi de notre organisation. Aussi ses raisonnemens, étayés de faits, détruisent-ils la théorie de *Bayle*. Dès-lors on eut des idées plus justes sur le mécanisme du vomissement. On fut d'accord que l'estomac, les muscles abdominaux et le diaphragme y participaient (1). Depuis, tous les physiologistes professaient cette doctrine, lorsque M. *Magendie* lut à l'Institut, au commencement de cette année, un mémoire dans lequel étaient consignés des faits tendans à rétablir la théorie de *Bayle* en lui rendant un nouvel éclat.

Pénétré du plus profond respect pour tout ce qui sort de la plume de *Haller*, j'avoue que, voyant sa doctrine attaquée, j'ai fait tous mes efforts pour la maintenir, l'appuyer par des raisonnemens et des

______

(1) Voyez Haller, *Elementa Physiologiæ corporis humani*, t. *IV, lib. XIX, sect. IV, consensus diaphragmatis et musculorum abdominis.*

faits qui la plupart sont rapportés dans *Haller* lui-même, ou exposés par ses disciples; néanmoins il en est qui me sont propres, qui tendent à consolider de nouveau son système. Ils nous conduiront à penser que *l'œsophage* et *l'estomac* paraissent être les agens essentiels du vomissement.

Mon unique but est de démontrer d'une manière claire que le vomissement peut survenir sans l'action des muscles abdominaux et du diaphragme. Cependant je suis bien loin de croire qu'ils y soient absolument étrangers; c'est une chose trop connue pour qu'on puisse la révoquer; mais admettre qu'ils en soient les uniques agens, c'est trop s'avancer. Dire aussi que l'estomac agit seul, je ne le pense pas. D'où peut donc dépendre le vomissement? Il paraît être le résultat de l'action de plusieurs puissances qui, réunies, donnent naissance aux efforts, en vertu desquels les substances contenues dans l'estomac en sont chassées. Néanmoins ces puissances isolées peuvent également le déterminer, mais d'une manière moins prononcée. Je ne crois pas cependant que l'estomac se contracte convulsivement comme on l'a voulu gratuitement supposer; les contractions qu'on observe ne sont point semblables à celles d'un muscle qu'on irrite; elles sont lentes, néanmoins beaucoup plus fortes que celles qu'on voit dans le mouvement *péristaltique* des intestins; ces violentes contractions ne s'observent guère que dans l'œsophage, où elles sont même surprenantes, lorsqu'on le pique ou lorsqu'on pince le nerf de la huitième paire. Voilà où m'ont conduit mes expériences. Je n'ai pas voulu les publier sans en avoir rendu témoin oculaire un homme respectable, digne de foi, et mieux que personne à même de juger, puisque la réputation de savant physiologiste ne peut lui être refusée. Est-il besoin de nommer le docteur *Chaussier*, qui le premier a daigné assister à mes travaux, ainsi que le professeur *Désormaux* et M. *Maigrier*, professeur particulier d'anatomie et de physiologie. Plusieurs autres professeurs de la Faculté, instruits des résultats, ont bien voulu en prendre connaissance, et se sont réunis dans le laboratoire du professeur *Chaussier* pour les y observer. Ceux qui y ont suivi toutes les expériences ne peuvent douter de leur authenticité. Le vomissement que j'ai obtenu en leur présence sans les muscles abdominaux et le diaphragme, qui, dit-on, en sont les seules puissances, je l'ai provoqué par un moyen fort simple qui se rencontre tous les jours dans la pratique. On sait que l'étranglement dans les hernies développe le vomissement ; c'est un cas trop connu ; mais il s'agissait, pour prouver la puissance d'irritabilité, de savoir s'il pouvait survenir sans les muscles abdominaux et diaphragme : pour cela j'ai fait toutes les expériences convenables.

1° J'ai fait l'ablation des muscles abdominaux, et j'ai obtenu le vomissement.

2° J'ai laissé intactes les parois de l'abdomen, à l'exception cependant d'une petite ouverture pratiquée pour saisir une anse intestinale que je liai. Ayant ensuite coupé les nerfs diaphragmatiques, j'ai fait boire du lait à l'animal, et le vomissement est survenu.

3° J'ai tout à la fois fait la section des nerfs diaphragmatiques, l'ablation des muscles abdominaux, déterminé l'étranglement, j'ai introduit du lait dans l'estomac, et toujours le vomissement est survenu.

4° Dans une autre expérience, les nerfs diaphragmatiques coupés, une portion de l'organe où ils vont se distribuer emportée jusqu'au centre phrénique, l'application des autres moyens usités, et le vomissement s'est manifesté.

5° J'ai été plus loin : après avoir coupé les parois abdominales, je laissai à nu les intestins et l'estomac, le vomissement est survenu ; quoique les nerfs diaphragmatiques eussent été coupés, les mêmes moyens de produire le vomissement donnèrent les mêmes résultats.

6° Après avoir séparé les tégumens abdominaux de leurs muscles, ceux-ci coupés transversalement jusqu'à la colonne vertébrale, je fis la section du diaphragme, les parois abdominales réunies, j'obtins le vomissement ; l'étranglement déterminé, et l'animal ayant avalé du lait, vomit en effet.

Détails de mes Expériences (1).

PREMIÈRE EXPÉRIENCE. Elle fut faite sur un chien pesant douze livres environ, auquel j'ouvris l'abdo-

---

(1) Dans celles qui ont été répétées en présence de la commission désignée par la Faculté, nous avons presque toujours injecté dans les veines une dissolution d'émétique, afin de hâter le vomissement.

men ; je déterminai l'étranglement , et fis un point de suture aux parois abdominales ; un quart d'heure après, l'animal vomit des matières contenues dans l'estomac, et sans beaucoup d'efforts ; dans l'espace d'une heure, trois vomissemens eurent lieu. Réservant l'animal pour d'autres expériences , je fis cesser l'étranglement.

Seconde expérience faite sur le même animal. Je séparai les tégumens des muscles, enlevai ceux-ci complètement, et réunis ces premiers, qui seuls formaient les parois abdominales ; j'avais eu soin avant de faire la ligature d'une anse d'intestin : au bout d'une demi-heure, le chien vomit à plusieurs reprises le lait qu'il avait bu, et qui était déjà caillé. Cette expérience me conduisit naturellement à penser que le diaphragme avait agi seul, et m'autorisa à tenter l'expérience suivante :

Troisième expérience. Sur un chien d'une taille très-ordinaire, je coupai les nerfs diaphragmatiques, fis une ouverture à l'abdomen ; il en sortit une portion d'intestin dont la ligature fut faite. Pressé par le temps, le vomissement ne survenant point, je fis cesser l'étranglement et remis l'expérience. Vingt-quatre heures s'étaient écoulées lorsque je recommençai la même ; c'est-à-dire que je liai une portion du tube intestinal ; après un quart d'heure, l'animal vomit le lait que je venais de lui faire prendre et quelques alimens mangés avant l'opération ; sur-le-champ je lui fis avaler deux verres d'eau, qu'il rejeta dix minutes après avec une nouvelle portion d'alimens contenus dans l'estomac. Ajoutons que cet animal, qui avait les nerfs diaphragmatiques coupés depuis vingt-quatre heures, au bout de ce temps ne parut pas plus fatigué ; il avait même mangé dans cet intervalle.

QUATRIÈME EXPÉRIENCE. Elle fut faite sur un chien d'une taille ordinaire, auquel je coupai les nerfs diaphragmatiques ; je fis une incision cruciale des muscles abdominaux. Plusieurs ligatures devinrent nécessaires pour arrêter les hémorragies fournies par les artères épigastriques et par plusieurs autres branches qui se distribuent aux parois de l'abdomen. Je réunis les tégumens, après avoir, comme dans les cas précédens, déterminé l'étranglement ; le lait introduit dans l'estomac y resta à peine un quart d'heure, qu'il en fut rejeté. Dans l'espace d'une heure, plusieurs vomissemens se manifestèrent. Ayant obtenu des résultats aussi constans, je fis disparaître l'étranglement, et l'animal vécut vingt-deux heures ; avant de mourir, il vomit plusieurs fois en présence des élèves qui suivent mes cours, et qui me précédèrent de quelques instans.

Ces derniers vomissemens doivent, je pense, être attribués à l'inflammation des viscères abdominaux, qui déjà avaient contracté une certaine adhérence entre eux, ainsi qu'avec les tégumens qui formaient seuls les parois. Enhardi par ces succès, je fis plus : dans une cinquième expérience, je coupai toujours les nerfs diaphragmatiques, je fis la section des muscles abdominaux, j'enlevai une partie du diaphragme, depuis sa portion charnue jusqu'au centre phrénique ; ensuite je liai une anse d'intestin, fis la réunion des parois abdominales, et obtins le vomissement toutes les fois que je fis prendre quelques substances à l'animal.

SIXIÈME EXPÉRIENCE. Elle fut faite sur un chien d'une taille assez élevée, auquel je fis la section des nerfs diaphragmatiques ; j'ouvris l'abdomen, en renversant les parois de cette cavité ; je déterminai l'étranglement, fis avaler à l'animal du lait, qu'il vomit en plusieurs fois. Il était facile ici d'apercevoir les mouvemens de l'estomac entraîné en haut par la contraction de l'œsophage, et non par celle du diaphragme, qui était entièrement passif, puisque je pouvais le pincer sans difficulté.

SEPTIÈME EXPÉRIENCE. L'animal qui en fit le sujet était un vieux chien de chasse, fort, robuste ; bien plus vivace, il devint l'objet d'une multitude d'observations nouvelles : il vomit comme le premier, c'est-à-dire, sans réunir les parois abdominales, et après avoir coupé les nerfs diaphragmatiques. C'est encore dans ce cas qu'il était facile d'observer les contractions de l'œsophage qui entraîne l'estomac.

Certaines personnes ne pouvaient, disaient-elles, dis-
tinguer les mouvemens actifs ou passifs du diaphragme; j'en excisai une portion : quelques assis-
tans observèrent que la respiration ne pourrait se
continuer si je perçais ses deux côtés; mais, ayant
déjà fait cette expérience, je ne balançai point à les
satisfaire; et, à leur grande surprise, l'animal continua
de respirer ; les parois de l'abdomen de nouveau
rapprochées, mais seulement formées par les tégumens, que je réunis par une suture, l'étranglement
existant toujours, ce même chien vomit deux fois.
Enfin le professeur Richerand, et M. Béclard, chef
des travaux anatomiques, m'engagèrent à couper le
diaphragme dans toute sa circonférence : je le fis, à
l'exception d'une très-petite portion, large à peu
près d'un travers de doigt, qui se fixe à la partie
postérieure du sternum près l'appendice xiphoïde ;
ce qui me permit de plonger la main dans les deux
cavités pectorales, ce que fit comme moi M. Béclard.
Réunissant de nouveau les parois abdominales que
j'avais divisées en détruisant la suture déjà pratiquée,
l'animal, ayant bu, vomit à plusieurs reprises, toujours en présence des mêmes observateurs : soumis à
mes expériences depuis une heure et demie au
moins, il fut asphyxié par l'ouverture de l'abdomen,
et surtout par la section de cette petite languette
charnue qui semblait auparavant faciliter la respiration, en fixant l'extrémité inférieure du sternum

qui fournit un point d'appui aux côtes et à leurs muscles (1).

J'ai répété ces expériences assez de fois pour détruire l'ancienne théorie du vomissement. Je me propose d'en faire de nouvelles, et, dans un nouveau mémoire, d'exposer son mécanisme le plus naturel, fixer d'une manière précise les organes qui y concourent, ne regardant que comme accessoires les muscles *abdominaux* et *diaphragme*.

Comme une foule d'objections m'ont été faites, je dois y répondre. 1° L'on a prétendu que la présence de la canule dont je me servais pour introduire les substances dans l'estomac pouvait déterminer ces contractions; cette objection tombe d'elle-même, si l'on veut bien croire que je n'en fis pas usage dans tous les cas : en admettant que cette canule excitât le vomissement, c'est encore un nouveau moyen de le provoquer qui est en faveur de mon opinion. On prétend que l'expérience de Wepfer est récusable, en ce qu'il se servit de substances vénéneuses. Mais qu'opposera-t-on aux miennes, quand on saura que constamment je n'ai fait usage que d'une substance fort innocente, tel que du lait ou de l'eau? Que serait-ce donc si je me servais de boissons vomi-

____

(1) Je dois ici des éloges à quelques-uns de mes élèves, particulièrement à M. Delatre, qui dans tous mes travaux a secondé mes efforts avec un zèle et une intelligence qu'on ne rencontre que chez un homme doué d'un goût particulier pour la science à l'étude de laquelle il se livre.

tives? 2° Après avoir disséqué les tégumens, les avoir séparés des muscles, ceux-ci coupés crucialement ou enlevés, on prétendit que ces premiers offraient une grande résistance : on les voit cependant céder au poids des viscères, lorsque l'animal marche ; car on saura que, dans quelque position qu'il soit, il vomit toujours, même lorsque les viscères sont à nu ; la présence des tégumens n'est donc pas absolument nécessaire. 3° On m'a observé que les muscles intercostaux inférieurs comprimaient l'estomac ; ce n'est donc plus le diaphragme ?

Examinons si cela est toujours possible, soit dans l'expiration, soit dans l'inspiration. Le diaphragme paralysé est repoussé dans la poitrine, permet à l'estomac de remonter vers cette partie. Si le vomissement a lieu dans l'inspiration, on sait que les côtes s'élèvent et agrandissent les diamètres de la poitrine, d'autant plus que le diaphragme ne contre-balance plus l'action des muscles intercostaux.

Dans l'expiration, au contraire, la poitrine s'affaisse ; mais cet affaissement a des limites ; les côtes s'abaissant par le relâchement des muscles ; souvent elles ne touchent pas l'estomac, s'il n'est pas très-rempli ; aussi cette compression est presque nulle. En effet, j'ai vu le vomissement survenir lors même que l'estomac ne touchait pas les parois pectorales, ou lorsqu'on dilatait les hypocondres.

4° On a dit que la pression des organes environnans, tels que le foie et la rate, exerçaient une légère

pression sur l'estomac ; que je devrais l'isoler complètement. Si elle existe cette pression, elle ne peut
être que passive. Je dirai plus : le foie fixé à droite
de l'estomac, la rate à gauche, le poids seul de ces
organes devrait s'opposer à ses contractions, qui né-
cessairement deviendraient plus prononcées en l'iso-
lant complètement ; car alors l'œsophage, qui joue un
si grand rôle, se contracterait et l'entraînerait plus
facilement.

Poursuivons les objections, et l'on verra qu'elles
n'ont point été épargnées, puisque l'on m'ob-
serva que cette portion restante du diaphragme
dont nous avons parlé plus haut contribuait à produire le vomissement. Mais, si l'on réfléchit à la disposition de quelques anneaux fibreux qui donnent
passage à divers conduits ou vaisseaux, il faut qu'ils
soient entourés de fibres charnues dont la contraction doit les dilater dans tous les sens. Ici cet anneau
qui environne l'orifice cardiaque de l'œsophage, tiré
en deux sens opposés, devait former une espèce de
boutonnière qui, loin de faciliter le vomissement,
devait au contraire s'y opposer, en fermant en quelque
sorte l'extrémité supérieure de l'estomac. Cette disposition particulière du système fibreux est indiquée dans
la Physiologie du professeur Richerand. Il s'exprime
ainsi dans sa cinquième édition : « Le cours du sang
« n'est point intercepté dans les artères qui traversent
« des muscles, lorsque ceux-ci viennent à se contrac-
« ter ; car partout où des artères d'un certain calibre

« s'engagent dans leur épaisseur, elles sont environnées
« d'un cintre, ou d'un anneau tendineux, qui s'agran-
« dit lorsque ce muscle se contracte, tiraillé en tous
« sens par les fibres qui s'attachent à son contour. Il
« est facile de s'assurer de cette disposition vraiment
« admirable, en découvrant l'aorte à son passage entre
« les piliers du diaphragme. » En admettant que les
muscles abdominaux et le diaphragme, par leurs con-
contractions seules, chassent les substances contenues
dans l'estomac, pourquoi cette même contraction ne
détermine-t-elle pas la sortie des urines lorsque la
vessie est paralysée ? Pourquoi certains accouchemens
s'opèrent-ils par les seules contractions de la matrice,
puisqu'on en a vu se terminer même après la mort ?
pourquoi, dans certains efforts où nous faisons des
inspirations grandes et soutenues, où les muscles
diaphragme et abdominaux sont dans une contraction
permanente, le vomissement ne survient-il point
même après le repas ? Ainsi, par exemple, chez ces
hommes sur la poitrine desquels on place une en-
clume pesant quelques quintaux, et sur laquelle
on frappe à grands coups, pourquoi le vomissement ne survient-il pas encore ? Il est bien surprenant que l'on n'ait pas tenu compte de quelques
faits d'anatomie comparée ; plus surprenant encore
qu'on ait porté l'attention toute entière sur les muscles
de l'abdomen et du diaphragme, sans avoir examiné
ni l'estomac ni le tube intestinal ; on eût vu que
le vomissement survenait d'autant plus prompte-

ment, qu'on pinçait celui-ci plus près de l'orifice pylorique, où alors les mouvemens de l'estomac deviennent plus remarquables ; on eût vu qu'à la suite de ces vomissemens réitérés l'intérieur de cet organe offre des replis formés par la membrane muqueuse, qui égalent quelquefois la grosseur d'une plume à écrire, même du petit doigt ; tous vont en divergeant des orifices cardiaque et pylorique vers la partie moyenne de l'estomac. L'expérience qui a été regardée comme la plus décisive est celle où l'on substitue une vessie à l'estomac, et où l'on fait la ligature d'une des extrémités, tandis que l'autre reçoit une canule qui s'engage dans l'œsophage ; on établit par conséquent une communication libre entre cette vessie et ce dernier organe ; on conçoit qu'alors la plus légère pression mécanique suffit pour chasser le liquide, mais le liquide seulement.

Si les conclusions sont de regarder l'estomac comme passif, pourquoi tous les anatomistes y reconnaissent-ils plusieurs espèces de fibres musculaires? Peut-on admettre des fibres musculaires sans contraction ?

Enfin, pour terminer ce mémoire, j'ajouterai une note particulière sur la disposition des nerfs diaphragmatiques, principalement chez les chiens ; si l'on se bornait à en faire la section à l'endroit où ils se séparent de la quatrième paire, les résultats ne seraient plus les mêmes ; car ce nerf est formé de la réunion de plusieurs filets, qui tantôt viennent

de la cinquième, ou de la sixième, ou de la huitième, et même quelquefois de l'union de celles-ci
avec la première paire dorsale, comme je l'ai observé une fois seulement, il est vrai; et dans ce dernier cas, il est extrêmement difficile, je dis plus,
même impossible de les couper, quelque connaissance que l'on ait en anatomie, quels que soient
le soin, la dextérité et l'attention qu'on y apporte,
puisqu'il faut plonger le bistouri jusque sous les vaisseaux souclaviers, pénétrer dans la poitrine; celle-ci
se dilatant ainsi que les poumons, ces derniers viennent toucher le bistouri, et la lésion de ces organes
détermine des accidens.

Cette opération devient encore plus laborieuse si
elle a lieu sur de vieux animaux, chez lesquels le
tissu cellulaire jaune adhérant au névrilème enveloppe
quelquefois les plus petits filets, qu'il cache à l'œil le
plus pénétrant.

Si l'on veut que ces expériences aient du succès,
il faut se servir de chiens forts et robustes, il faut
qu'ils ne soient pas renfermés trop long-temps; car,
retenus plusieurs jours, ils deviennent tristes, ne
mangent point, ce qui affaiblit singulièrement la
force contractile.

L'expérience la plus probante est celle dans laquelle, après avoir mis l'estomac à nu, les nerfs diaphragmatiques coupés, l'animal vomit. Le même
phénomène s'observe après avoir incisé le diaphragme
dans toute sa circonférence; cependant il est essentiel

d'en laisser une petite portion, pour les raisons exposées dans la 7ᵉ expérience.

Dans cette dernière, il faut agir avec promptitude,
et réunir les parois abdominales, formées alors par les
tégumens. Si l'on ne se comportait point ainsi, la
colonne d'air comprimant les poumons, l'asphyxie ne
tarderait pas à survenir; c'est pourquoi il faut rappro-
cher les parois, et l'animal continue de respirer.

Les nerfs diaphragmatiques coupés, le muscle diaphragme conserve-t-il encore de sa contractilité ?

Je l'avais cru quelques instans; mais la facilité
avec laquelle on le pince, le peu de résistance
qu'il offre, repoussé fortement en haut par l'air
qui frappe sa face abdominale, tout prouve qu'il
n'a nulle contractilité. En admettant même que
les nerfs lombaires envoient quelques filets à ses piliers, on ne peut en tenir compte. Une expérience
répétée sous mes yeux par MM. Le Gallois et Beclard
prouve d'une manière convaincante que le diaphragme n'est plus susceptible de contraction; un
léger frémissement seul lui reste quand on irrite ce
muscle.

Tout ce qui vient d'être exposé nous autorise à
croire, comme l'ont pensé quelques anciens, que l'œ-
sophage et l'estomac peuvent seuls opérer le vomissement. Je laisse à la commission que m'a nommée
la Faculté le soin de prononcer sur les expériences que j'ai répétées en sa présence. Le rapport
de la commission sera d'autant plus intéressant, qu'on

doit y joindre quelques expériences propres à éclaircir la chose.

De tous ces faits et raisonnemens, le lecteur en déduira les conséquences qu'il voudra, je le laisse parfaitement libre.

Quant à moi, je suis intimement convaincu que le vomissement peut s'opérer sans l'action des muscles abdominaux et du diaphragme, seules puissances admises, comme cause première de ce phénomène, par *Bayle*, *Chirac*, et tout récemment par M. *Magendie*.

Mes conclusions seront absolument les mêmes que celles de M. *Marquais* (1). Les citations qu'il a faites me dispensent de parler d'une foule d'auteurs qu'il mentionne.

Disons avec lui, 1° que les expériences dont on s'est occupé depuis peu ont été faites par plusieurs médecins et physiciens qui vivaient dans les 17me et 18me siècles ;

2° Que ces expériences, loin de prouver que le vomissement dépend immédiatement du diaphragme et des muscles abdominaux, démontrent, au contraire, d'une manière positive que cet acte est essentiellement produit par l'estomac et l'œsophage, et que les premiers ne sont que des agens accessoires ;

3° Que les substances introduites dans le corps des

---

(1) Réponse de *G.–Th. Marquais*, chirurgien, au Mémoire de M. *Magendie*.

animaux par quelque mode que ce soit agissent sui–
vant leurs propriétés, soumises (comme l'ont observé
Glisson, Willis et quelques physiologistes modernes)
au sensorium, au tact, au goût, ou, si mieux on aime,
à la sensibilité propre à chaque organe.

MAINGAULT.

DE L'IMPRIMERIE DE MAME, RUE DU POT-DE-FER.